글 김성화·권수진

부산대학교에서 생물학, 분자생물학을 공부했습니다. 《과학자와 놀자》로 창비 좋은어린이책 상을 받았습니다. 첨단 과학은 신기한 뉴스거리가 아니라 물리 법칙으로 가능한 과학 세계의 이야기라는 것을 들려주려고 '미래가 온다' 시리즈를 쓰기 시작했고, 《미래가 온다, 로봇》, 《미래가 온다, 나노봇》, 《미래가 온다, 뇌 과학》 등 20권을 완간했습니다.
지금은 수학적으로 사고하는 방법과 그런 사고가 미래를 어떻게 바꿔 놓을지까지, 과정에 충실한 수학 정보서, '미래가 온다' 수학 시리즈를 진행하고 있습니다.
《고래는 왜 바다로 갔을까?》, 《과학은 공식이 아니라 이야기란다》, 《파인만, 과학을 웃겨 주세요》, 《우주: 우리우주에 무슨 일이 있었던 거야?》, 《만만한 수학: 점이 뭐야?》 등을 썼습니다.

그림 백두리

홍익대학교에서 시각디자인을 공부했습니다. 그린 책으로 《아무도 지지 않았어》, 《까칠한 아이》, 《데굴데굴 콩콩콩》, 《햇빛초 대나무 숲에 새 글이 올라왔습니다》, 《먹고 보니 과학이네?》, 《어느 외계인의 인류학 보고서》, 《미래가 온다, 플라스틱》, 《미래가 온다, 탄소 혁명》 등이 있으며, 쓰고 그린 책으로 《솔직함의 적정선》, 《그리고 먹고살려고요》 등이 있습니다.

미래가 온다

동전을 100만 번 던져!

확률과 통계

와이즈만 BOOKs

미래가 온다 수학

09 확률과 통계 동전을 100만 번 던져!

1판 1쇄 인쇄 2024년 9월 27일 | 1판 1쇄 발행 2024년 10월 21일

글 김성화 권수진 | 그림 백두리 | 발행처 와이즈만 BOOKs | 발행인 염만숙

출판사업본부장 김현정 | 편집 이혜림 양다운 이지웅
기획·책임편집 임형진 | 디자인 권석연 | 마케팅 강윤현 백미영 장하라

출판등록 1998년 7월 23일 제1998-000170 | 제조국 대한민국
주소 서울특별시 서초구 남부순환로 2219 나노빌딩 5층
전화 마케팅 02-2033-8987 편집 02-2033-8983 | 팩스 02-3474-1411
전자우편 books@askwhy.co.kr | 홈페이지 mindalive.co.kr | 사용연령 8세 이상
ISBN 979-11-92936-47-5 74410 979-11-92936-02-4(세트)

ⓒ 2024, 김성화 권수진 백두리 임형진
이 책의 저작권은 김성화, 권수진, 백두리, 임형진에게 있습니다.
저자와 출판사의 허락 없이 내용의 일부를 인용하거나 발췌하는 것을 금합니다.

잘못된 책은 구입처에서 바꿔 드립니다.

와이즈만 BOOKs는 ㈜창의와탐구의 출판 브랜드입니다.
KC마크는 이 제품이 공통안전기준에 적합하였음을 의미합니다.

미래가 온다
동전을 100만 번 던져!

확률과 통계

김성화·권수진 글 | 백두리 그림

차례

0 아주 기이한 하루 7

1 우연이야! 13

2 우연에 관한 진지한 수학 23

3 확률은 법칙이 아니야! 39

4 파스칼에게 물어봐! 51

5 일어날 일은 일어난다 57

6 병사의 목숨을 구한 수학 · · · · · · · · · · · · · · · · · 69

7 통계학자 나이팅게일 · · · · · · · · · · · · · · · · · · · 81

8 평균의 함정 · 89

9 수학으로 거짓말을? · · · · · · · · · · · · · · · · · · · 103

10 미래를 예측하는 도구 · · · · · · · · · · · · · · · · · 113

❶ 아주 기이한 하루

"오늘 나에게 무슨 일이 일어난 줄 알아?"

무슨 일인데?

"밤중에 화장실에 가려고 일어났는데 시계가 3시 3분을 가리키고 있었어!"

그게 뭐?

"오늘이 3월 3일이잖아!"

그래서?

"아침 식사로 식탁 위에 소시지 3개, 토마토 3개, 팬케이크 3개가 놓여 있었다고!"

그러니까 그게 뭐!

"그게 뭐냐니! 이상하지 않아? 오후 3시에 친구한테 축구하자고 전화가 오고, 가는 길에 친구를 3명 만났다니까!"

"헉, 어떻게 알았어?"

네가 듣고 싶은 말을 해 준 것뿐이야.

"이상하지 않아?"

뭐가?

"앗, 소방차 소리다!"

"틀림없이 소방차가 3대 지나가고 있을걸?"

정말이네.

"나에게 오늘 하루 종일 3과 관련된 무슨 일인가 일어나고 있다고! 모르겠어? 알 수 없는 우주적 힘이 작용하는 게 분명해. 빨리 가서 아빠에게 복권을 3장 사라고 알려 드려야겠어!"

조심해. 뛰어가다 3번 넘어질라!

"이상해, 이상해!"
"이게 정말 우연이라고 생각해?"
당연하지!
"아니! 이건 절대 우연이 아니라고!"

우연이야!

"이게 어떻게 우연이야? 하루 종일 계속해서 3이 나타났어. 너도 봤잖아!"
아주아주 드물기는 하지만 일어날 수 없는 일은 아니야.
1년 365일 중에, 하루 24시간 중에, 지구에 사는 80억 명의 사람들 중에, 누군가 어느 날 우연히 새벽 3시 3분에 일어나고, 그런데 그게 하필 3월 3일이고, 하필 그날 친구를 3명 만나고, 골을 3골 넣고, 소방차 3대를 보고, 세쌍둥이를 만나고, 동전을 3개 줍는 일이 절대 절대 일어날 수 없는 일이겠어?
단지 그런 일이 바로 너에게 일어났기 때문에 매우 매우 특별하고 기이하고 놀랍게 보이는 거야.
오늘 너에게 일어난 일보다 훨씬 더 기상천외한 일도 세상에는 얼마든지 있다니까.

세상에 이런 일이······.

"그런 일이 정말로 일어난다고?"
일어났어!
80억 지구에 사는 사람들 중 누군가에게 정말로 일어난 일들이야.
우연은 너무 신기해. 결코 일어날 것 같지 않은 일이 일어난 것처럼 보여.

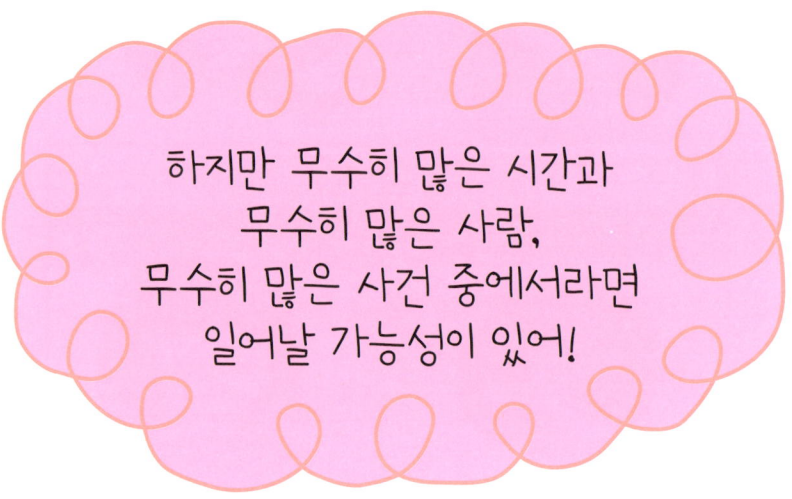

하지만 무수히 많은 시간과
무수히 많은 사람,
무수히 많은 사건 중에서라면
일어날 가능성이 있어!

물론 그런 일이 일어나면 사람들은 깜짝 놀라. 뉴스에 나올걸. 결코 일어날 수 없는 일이 일어났다고 난리법석이야. 수학자는 놀라지 않아. 수학자는 그런 일이 일어날 가능성을 계산하거든.

사람들은 우연을 좋아해. 우연에 신비한 힘이 있다고 믿어. 우연히 일어나는 일로 중요한 결정을 내리고, 미래의 일을 점쳐.

옛날에 왕들은 전쟁을 할지 말지를 주술사에게 묻고, 주술사는 여러 가지 방법으로 점을 쳤어. 들어 봤어? 거북 등껍질이 갈라진 모양, 쥐가 찍찍거리는 소리, 찻잔 속 찻잎이 흩어지는 모양, 날아가는 화살에 운명을 맡겼다는 거야.

"화살?"

나라에 중요한 문제가 생기면 화살에 방책을 한 개씩 매달고 공중으로 쏘아 보냈어. 가장 멀리 날아간 화살에 적힌 게 최고의 답이야!

"푸하하."

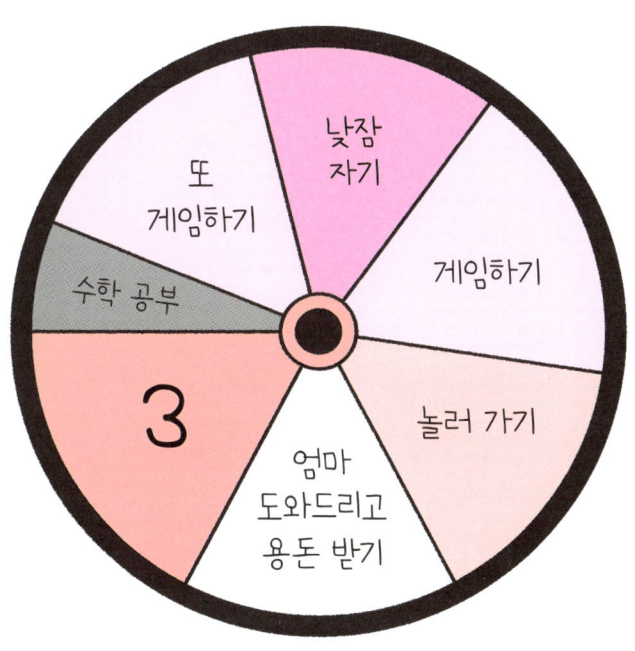

옛날 옛날 그리스 신화에도 신들이 우연으로 중요한 일을 결정하는 이야기가 나와. 제우스, 포세이돈, 하데스는 형제였는데, 서로 세상의 어느 영역을 다스릴지 결정하기 위해 주사위를 던졌어. 그리하여 제우스는 하늘, 포세이돈은 바다, 하데스는 지하 세계를 다스리게 되었다는 이야기야.

누가 맨 처음에 주사위를 만들었을까?
까마득한 옛날부터 주사위가 있었어. 양과 사슴의 발목 관절뼈가 육면체 모양이었는데, 그걸로 주사위를 만들었다는 거야.
주사위를 굴려!
주사위가 똑바르기만 하다면 뭐가 나올지 아무도 몰라.
왕이라 해도 주사위에게 명령을 내릴 수 없어.

우연은 재미있고 쓸모도 많아.
우리는 지금도 일상생활에서 우연을 이용해 게임을 하고 무언가를 결정해. 가위바위보, 사다리 타기로 무언가를 정하고, 축구장에서 심판은 동전을 던져 먼저 공격할 팀을 정하잖아?
갑자기 핫도그가 먹고 싶지 않아?
누가 사러 갈까?
"가위바위보로 정해."
좋아.
"가위, 바위, 보!"

② 우연에 관한 진지한 수학

500년 전, 이탈리아에 지롤라모 카르다노라는 사람이 살았어. 카르다노는 내과 의사, 수학자, 점성술사, 철학자, 도박사였어.

"도박사였다고?"

"수학자가?"

카르다노는 도박을 너무 좋아했어. 월급과 수학 대회에서 받은 상금을 몽땅 도박에 쏟아부었어. 그런데 계속 잃기만 했지 뭐야.

어떻게 하면 도박에서 이길까 궁리하다가 카르다노는 책을 한 권 쓰게 되었어. 그것은 겨우 15쪽이고, 제목이 《주사위 게임에 관한 책》인데 이렇게 시작해.

'모든 도박의 기본 원리는 간단하다. 이를테면 상대방, 구경꾼, 돈, 상황, 주사위 어쩌고저쩌고……'

사람들은 주사위를 던져서 나오는 수가 그저 우연이나 신의 뜻이라 생각했어. 무슨 수가 나올지는 신만이 아실 일이니 막연하게 감이나 추측으로 찍어서 내기에 돈을 걸었어.

옛날에 사람들은······

주사위를 던질 때 어떤 수가 나올지 누가 알겠어?
주사위는 우연이야. 우연은 수학과 아무런 관련이 없어 보여.
수학자들도 오랫동안 그런 문제는 신경도 쓰지 않았어.
'정확하고 확실한 것만이 수학이야.'
'불확실한 것은 수학이 될 수 없어.'
하지만 카르다노는 생각했어.

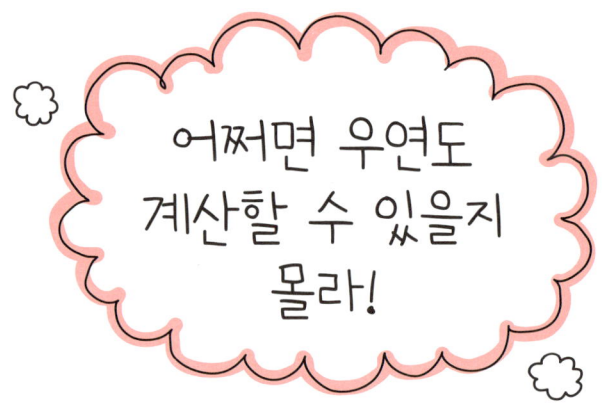

주사위를 굴릴 때 무슨 일이 일어나는지 수학으로 알 수 있을까?
주사위를 1개 굴릴 때 나오는 수는 1, 2, 3, 4, 5, 6까지 모두 6가지야. 주사위를 1번 굴리면 무엇이 나올지 전혀 예측할 수 없어. 2번 굴려도 예측할 수 없기는 마찬가지야. 1, 2, 3, 4, 5, 6 중에 한 가지가 나온다는 것밖에.

주사위를 아무리 많이 던진다 해도 몇 번째에 무슨 수가 나올지는 여전히 알 수 없어. 하지만 100번, 1,000번 계속 계속 던지면 어떤 숫자가 몇 번쯤 나올지 어림할 수 있다는 거야!

어쩌면 카르다노는 도박을 너무 많이 하다가 그런 놀라운 생각을 하게 되었을지 몰라. 카르다노는 주사위를 60번 던지면 같은 숫자가 10번쯤 나오고, 600번 던지면 같은 숫자가 100번쯤 나온다는 것을 눈치챘어.
60번에 10번쯤, 600번에 100번쯤 같은 수가 나온다고? 그게 무슨 뜻일까?

주사위를 던지면
6번에 1번 꼴로 같은 수가 나온다는 이야기야.
그걸 카르다노는 이렇게 썼어.

주사위를 굴릴 때 어떤 수가 나올
'확률'이야.

주사위를 던지면 1이 나올 확률이 $\frac{1}{6}$이야. 2가 나올 확률도 $\frac{1}{6}$이야. 3, 4, 5, 6이 나올 확률도 $\frac{1}{6}$이야.

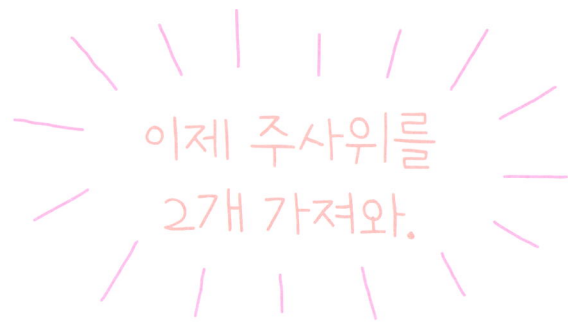

주사위를 2개 굴리면, 무슨 무슨 수가 나올까?
"음…… 1·1, 2·3, 5·5, 2·6, 3·3, 4·5?"
그것뿐이야?
"6·6, 7·7……."
뭐래, 주사위에 7이 어딨어.
"다시 다시, 4·4, 5·6, 5·5……."
아까 했잖아. 그렇게 하다가 제대로 다 셀 수 있겠어?
머리를 좀 써. 수학적으로!
카르다노는 이렇게 했어!

아니!

생각보다 많지 않아!
주사위를 2개 굴릴 때
서로 다른 수가 나오는
경우는…….

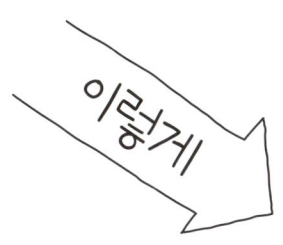

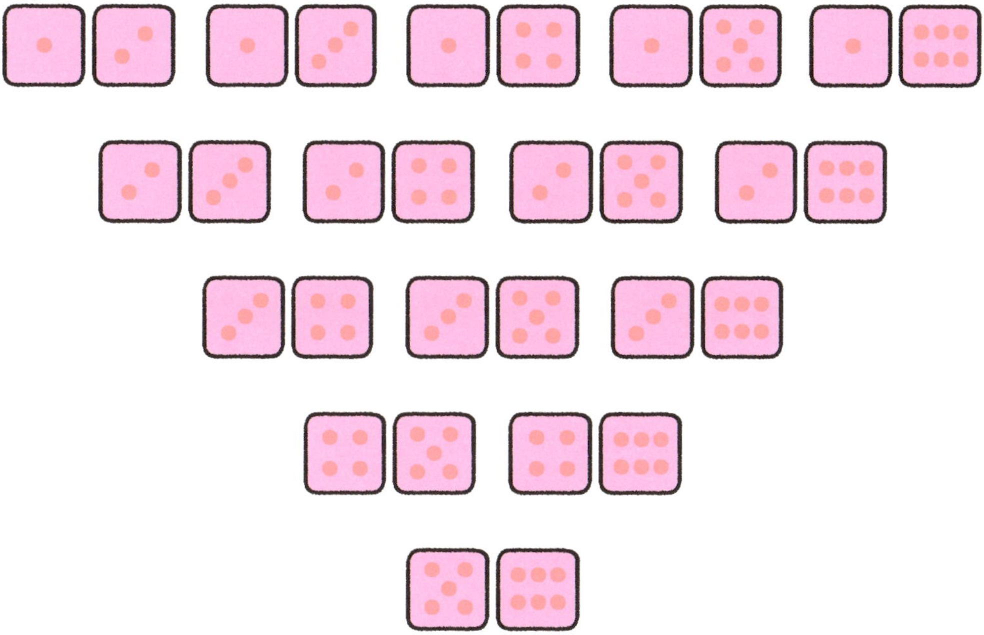

15가지야.
그런 다음 왼쪽과 오른쪽 주사위의
순서를 바꿔.
그러면 또 15가지가 나와.

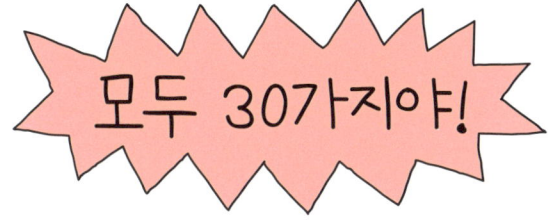

주사위 2개를 던지면 서로 다른 수가 나오는 경우 30가지가 나와.
거기에 같은 수가 나오는 경우 6가지를 더해.

하나도 빠뜨리지 않는 게 중요해.
주사위 2개를 던지면 모두 36가지가 나와!
주사위를 굴려 봐. 반드시 그중에 한 가지가 나올 거야.
뭐, 뭐가 나왔으면 좋겠어?
"당연히 3과 3이지. 오늘은 3의 날이라니까!"
"단번에 나올걸? 볼래?"

이제 확률 좀 아는 아이답게 생각 좀 해 보지 그래?
주사위 2개를 던졌을 때 3과 3이 나올 확률이 얼마겠어?
36가지 중에 한 가지야.

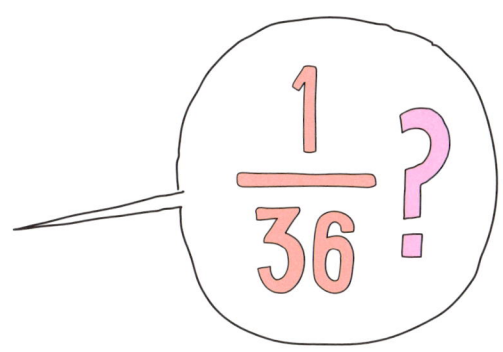

빙고!
주사위 2개를 36번쯤 던지면 3과 3이 1번쯤 나와.
카르다노가 가르쳐 주었어.
하지만 카르다노의 이론은 묻혀 버렸어. 카르다노가 책을 출판하지도 않았고, 수학자들도 오랫동안 거들떠보지 않았어.
"왜?"
우연은 수학이 될 수 없다고 생각했다니까!

카르다노의 확률 이론은 카르다노가 죽고 100년쯤 뒤에야 세상에 알려졌어.

괴짜 천재 수학자 카르다노 덕분에 지금은 '확률'이라는 말을 어디에서나 쓰고 있어. 내일 비가 올 확률, 야구 선수가 안타를 칠 확률, 복권에 당첨될 확률, 번개에 맞을 확률, 비행기 사고가 일어날 확률…….

"친구와 같은 반이 될 확률!"

3
확률은 법칙이 아니야!

확률을 계산한 덕분에 카르다노는 도박에서 큰돈을 벌었을까?

그렇지 않았어!

"왜?"

잊지 마. 확률을 알게 되어도 그건 어디까지나 가능성일 뿐이야. 모든 경우 중에서 한 경우가 일어날 비율을 알려 줄 뿐이야.

확률이 $\frac{1}{36}$이라는 말은 36번에 1번 꼴로 나온다는 말이지, 1번이 꼭 나온다는 말은 아니라고!

확률은 법칙이 아니야!

동전 1개만 던져 봐도 금방 알 수 있어.

동전을 던지면 앞면이 나올 확률이 얼마일까?

"둘 중에 하나, $\frac{1}{2}$ 아니야?"

하지만 그게 법칙은 아니야. 동전을 10번 던져도 앞면이 1번도 안 나올 수도 있다니까!

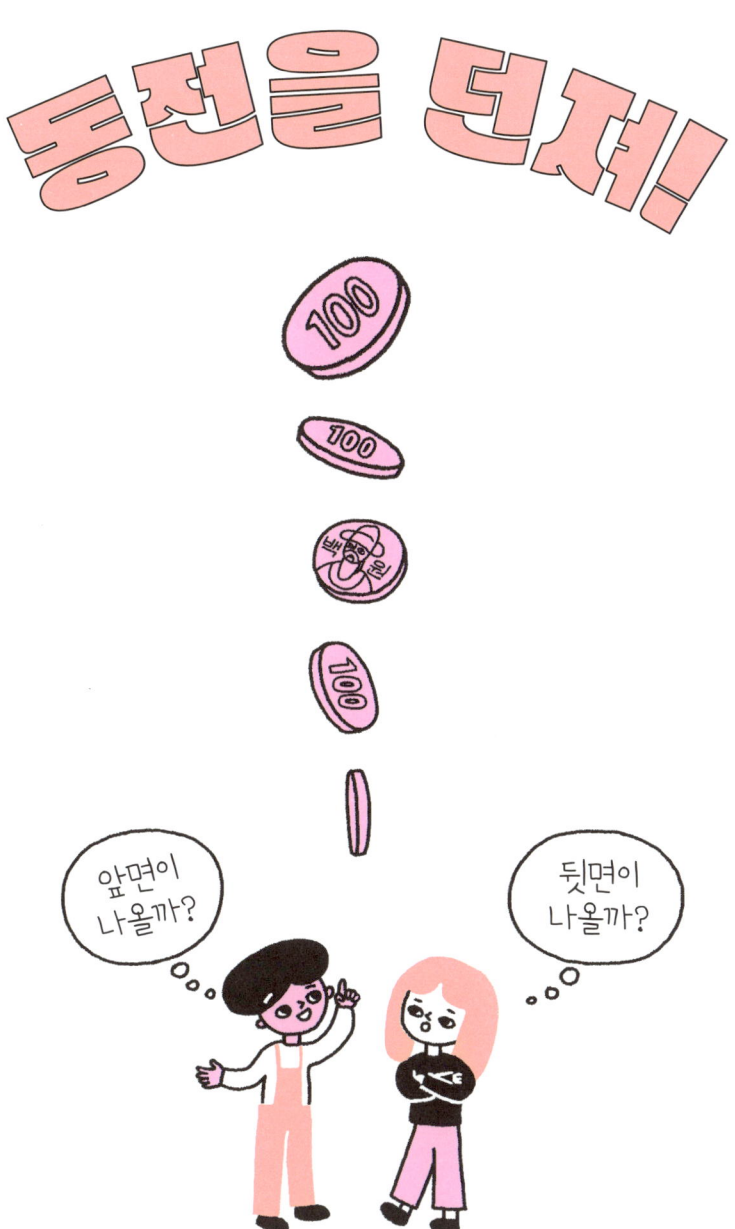

동전을 10번 던져 봐.
"헉!"

"뒷면이 8번, 앞면이 2번 나왔어!"
"어떻게 된 거야?"
그럴 수 있다니까.
다시 10번을 더 던져 봐.

"앞면이 7번, 뒷면이 3번이야!"
계속 계속 던져 봐.
동전을 100번 던져!

표시해 봐!

안 했잖아!

꼭 해 보는 게 좋을걸.

앞면이 53개, 뒷면이 47개 나왔다고?

거의 반반이지만, 딱 반은 아니야.

하지만 동전을 1,000번, 10,000번쯤 던지면 점점 점점 더 반반에 가까워져.

수학자 J. E. 케리치가 2차 세계 대전 때 포로 수용소에 갇혀 정말로 동전을 10,000번 던져 보고 벽에 기록을 했다는 거야. 그랬더니 정말로 점점 더 반반에 가까워졌어. 볼래?

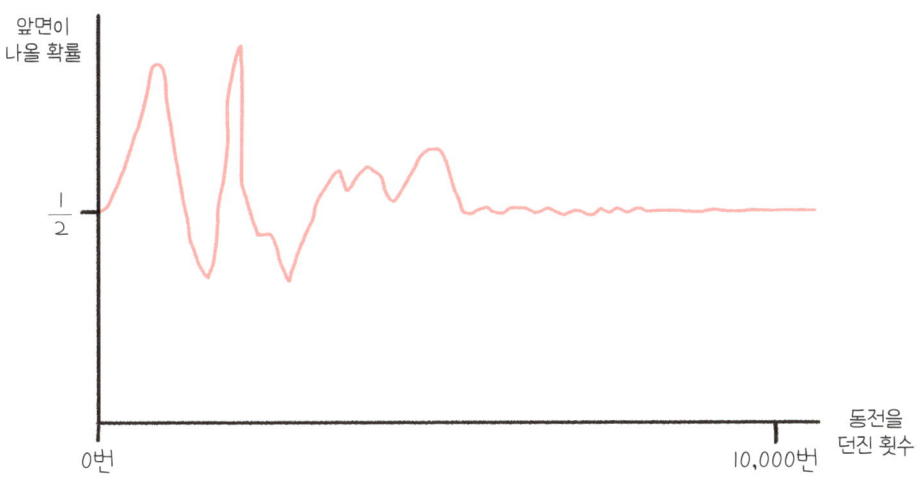

그래프를 봐. 동전을 많이 던질수록 앞면과 뒷면이 나올 확률이 점점 더 반반에 가까워져.

훗날 수학자들이 컴퓨터로 동전 던지기 시뮬레이션을 했는데 100만 번 던졌더니 앞면이 50만 10개, 뒷면이 49만 9,990개가 나왔다는 거야. 거의 반반이 돼!

이것을 '큰 수의 법칙'이라 불러. 기회가 엄청나게 많으면 확률이 법칙이 돼 간다는 말씀이야.

그런데 우리는 착각을 해. 그렇게 많이 해 볼 수 없는데도, 확률을 법칙으로 착각하기 쉬워. 동전을 던졌는데 만약에 계속 앞면이 나오면 그다음엔 뒷면이 나올 거라고 기대해. 하지만 진실은 그게 아니라는 거야.

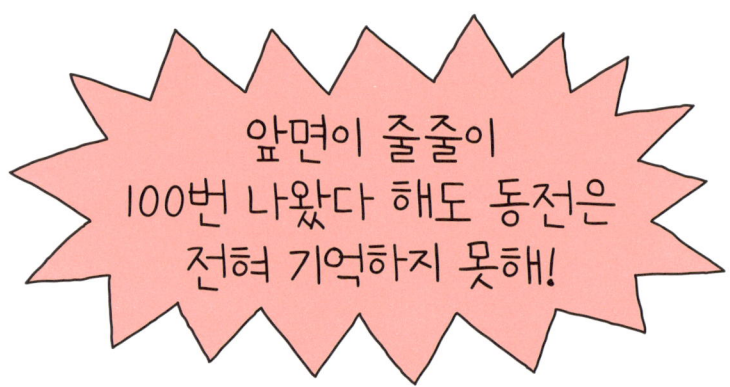

앞면이 줄줄이 100번 나왔다 해도 동전은 전혀 기억하지 못해!

101번째가 되었다고 해서 앞면이 나올지 뒷면이 나올지 누가 알겠어? 동전도 모르고 너도 몰라. 앞면과 뒷면이 나올 확률은 '동전을 던질 때마다' 여전히 $\frac{1}{2}$이야!

어느 집에……

일곱 번째 아이는 아들일까? 딸일까?

몰라!

맨 처음과 똑같아.

아들일 수도 있고, 딸일 수도 있어.

아들과 딸이 나올 확률이 똑같이 $\frac{1}{2}$이라는 말씀!

4
파스칼에게 물어봐!

여기는 1600년대 프랑스야. 어느 날 도박사가 저명한 수학자
파스칼을 찾아왔어. 도박사의 이름은 앙투안 공보인데,
스스로는 좀 더 고상하게 슈발리에 드 메레라고 불렀어.
드 메레가 파스칼에게 문제 하나를 내놓으며 도움을 청했어.

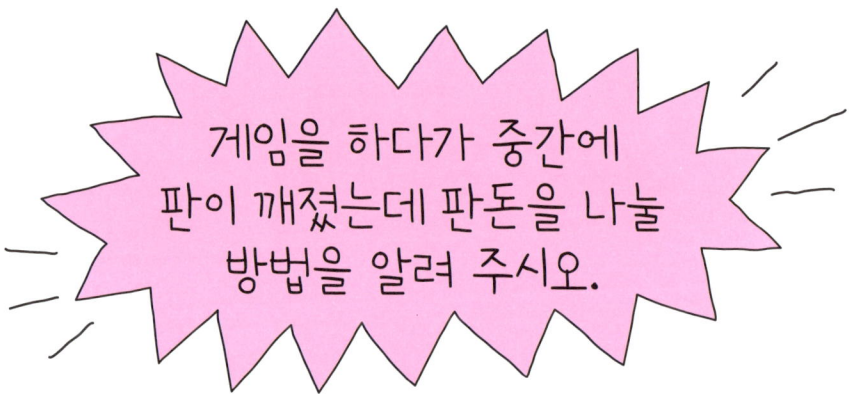

게임을 하다가 중간에
판이 깨졌는데 판돈을 나눌
방법을 알려 주시오.

게임을 하다가 어쩔 수 없는 일로 판이 중단되는 일이 종종
있었어. 그럴 때마다 서로서로 판돈을 더 많이 갖겠다고
싸움이 벌어졌어. 하지만 드 메레는 평소에 수학을 좋아해서
확률에 대해 조금 들어 봤는지 몰라. 수학으로 알 수 있는
방법이 있다고 생각해서 파스칼을 찾아온 거야.
게임은 5판 3선승제이고, 3판을 먼저 이긴 사람이 판돈을
모두 가져. 둘이 동점이라면 반반씩 나눠 가지면 돼. 하지만
한쪽이 2대 1로 이기고 있는 중에 게임이 중단되었다면
골치가 아파. 남은 게임은 2판인데 판돈을 얼마씩 나누면
공평하고 공정할까?

어떻게 나눠야 모두 불만이 없을까?

이기고 있는 사람이 판돈을 모두 가지면 상대가 불만이고,

반반씩 나누자니 이기고 있는 사람이 억울하고…….

파스칼은 이 문제를 수학자 친구와 같이 풀어 보기로 해.

페르마에게 편지를 보냈어.

'친애하는 페르마에게. 어쩌고저쩌고…….'

파스칼과 페르마는 평생 한 번도 만나지 않고 편지로만

왕래했지만 생각을 주고받는 진정한 친구가 된 사이야.

페르마가 답장을 해.

'친애하는 파스칼에게. 어쩌고저쩌고…….'

편지가 오고 가고 또다시 오고 가고.

그래서 문제를 풀었을까?

풀었어! 방법은 주사위 게임을 중단하지 않고 끝까지 한다고

상상해 보는 거야.

미리 말하는데, 이건 어려운 문제야. 확률 문제는 위대한

수학자 파스칼과 페르마에게도 어려워. 그래도 차근차근

생각해 봐.

남은 게임을 계속한다면
4가지 경우가 있어.
그중에서 드 메레가 이길 경우는 3가지야.

이제 문제를 풀 수 있어. 판돈을 공정하게 나눠 가질 수 있어!

남은 게임을 마저 한다면 나올 수 있는 결과가 모두 4가지인데, 그중에 3가지가 드 메레가 이기는 경우야. 드 메레가 게임에서 이길 확률이 $\frac{3}{4}$이라는 거야.

판돈 중에서 $\frac{3}{4}$을 드 메레가 가지면 돼!

하지만 누가 알겠어? 게임을 계속했다면 진짜로는 누가 돈을 가져갔을지! 상대가 역전할 확률은 $\frac{1}{4}$밖에 안 되지만 어쨌든 이길 확률이 있기는 있다는 뜻이잖아. 상대가 남은 2판을 모두 이겨 역전승하고 판돈을 모두 쓸어가 버리는 일도 얼마든지 가능해.

생각해 봐.

번호판이 99구9999나 55오5555인 자동차를 보면 깜짝 놀라면서 57거3785 같은 번호판을 보면 아무도 놀라지 않는다니, 이상하지 않아?

"푸하하, 당연하지. 그건 너무 평범하잖아."

아니! 놀라야 해.

"왜?"

과학자 리처드 파인만이 하루는 호들갑을 떨며 이런 말을 했어.

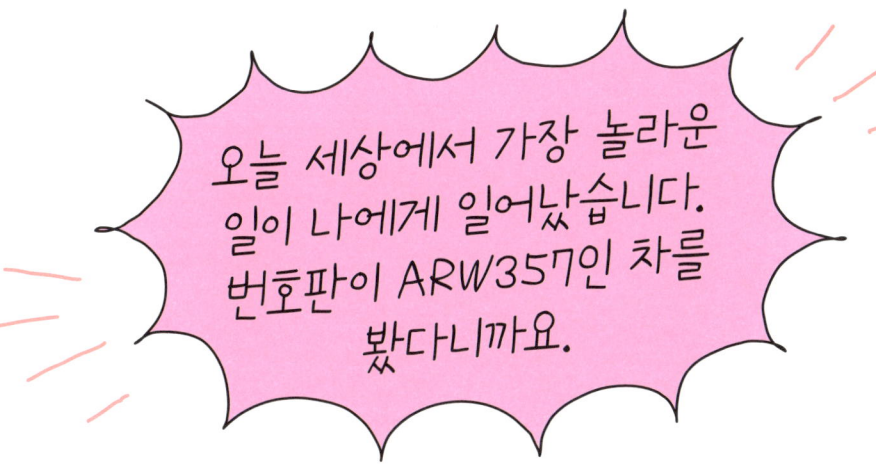

오늘 세상에서 가장 놀라운 일이 나에게 일어났습니다. 번호판이 ARW357인 차를 봤다니까요.

참고로 말하면 미국에서 ARW357 번호판은 우리나라의 57거3785처럼 평범한 번호야.

"그게 왜 놀라운 일이라는 거야?"

사람들이 어리둥절하자 파인만이 또 말했어.

'미국에 있는 수억 개의 번호판 중에서 그 시간에 바로 그 번호판을 볼 확률이 얼마나 되겠어요?'

바로 그거야! 세상에 있는 수많은 차들 중에서 번호판 99구9999를 볼 확률과 57거3785를 볼 확률은 완전히 똑같아. 99구9999를 본 것이 놀랍다고? 57거3785를 보는 것도 똑같이 놀라운 일이라는 말씀이야.

"헐!"

혹시 누군가 엄청난 복권에 당첨되었다는 이야기를 들어 본 적 있어? 벼락에 맞았다는 이야기는?

그건 아주아주 확률이 낮은 일이지만 이 세상 누군가에게는 일어나는 일이야. 세상에는 사람이 아주아주 많고, 그중에는 폭풍우 치는 날, 밖에 돌아다니는 사람이나 매주마다 복권을 사는 사람도 많기 때문이야. 마찬가지로 수많은 자동차 중에서 99구9999 번호판을 달고 돌아다니는 차는 어딘가에 있기 마련이고, 누군가는 그걸 본다는 거야!

이제 정신을 번쩍 차려. 너에게 어떤 일이 일어날 거야.
"무슨 일?"
진짜가 아니니까 겁먹진 말고. 상상만 해 보는 거야. 너는 확률이 너무너무 작은 일이 너한테 일어나서 엄청 놀랄 거야. 하지만 기억해. 함정이 있어!
어느 날 모르는 사람에게서 메시지가 와. 보낸 사람은 주식 중개인이야.

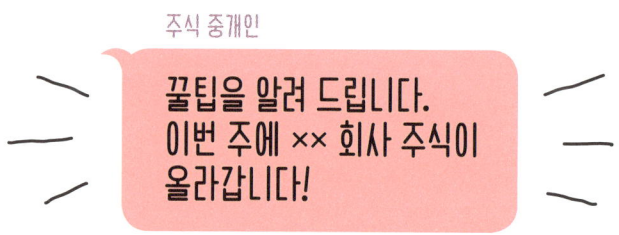

그런데 정말 주식이 올라가!
다음 주에 또 주식 중개인에게서 편지가 와. 이번에는 ○○ 주식이 폭락할 거라는 거야. 정말 그렇게 돼!

계속 계속…….

어떻게 된 거야? 다음 주, 그 다음 주, 그 그 그…… 다음 주에도 메시지가 오고, 주식 중개인의 예측이 모두 맞아! 무려 10주 동안이나 이 회사 저 회사의 주식이 내리거나 오를 거라는 메시지가 왔는데, 한 번도 빼놓지 않고 모두 맞혔어.

"헐!"

드디어 11번째 메일이 왔어.

이번에는 주식 중개인이 자기에게 투자하라고 권유하는 내용이야. 충분히 능력을 보여 줬으니 자신의 예리한 감각을 믿고 투자하라고 말이야. 물론 두둑한 수수료도 요구해.

어떻게 할까? 10주를 연달아 맞히는 건 확률이 아주아주 아주아주 낮은 일이야. 그런데 맞혔어. 천재적인 전문가가 틀림없어. 그 사람의 조언대로 투자를 한다면 큰돈을 벌 것이 분명해 보여.

어떻게 하겠어?

"당연히 투자해야지!"

첫째 주에 주식 중개인에게서 메시지를 받은 사람은 너 혼자가 아니었어. 주식 중개인은 1,024명에게 메시지를 보냈어!

"헐!"

그런데 중요한 건 메시지 내용이 똑같지 않았다는 거야. 절반 512명에게는 주식이 올라갈 거라고 보냈고, 나머지 512명에게는 주식이 내려갈 거라고 보냈어. 메시지를 받은 당사자들만 몰랐을 뿐이야.

주식 중개인은 천재가 아니라 사기꾼이야. 주식이 올라갈까 내려갈까? 중개인도 전혀 몰라. 하지만 당연히 둘 중에 하나일 거야. 10원이라도 올라가거나, 아니면 내려가거나!

첫째 주가 지나면 메시지를 받은 1,024명 중에 당연히 반은 맞고 반은 틀릴 거야. 하지만 맞은 예측 메시지를 받은 사람은 깜짝 놀라겠지?

틀린 예측 메시지를 받은 512명은 다시 메시지를 받지 못해. 맞은 예측 메시지를 받은 512명은 다음 주에 또 다시 메시지를 받아. 물론 이번에도 절반은 ○○ 주식이 올라갈 거라는 내용이고, 나머지 절반은 내려갈 거라는 내용이야.

빙고! 편지를 받은 512명 중에 절반은 다시 메일을 받지 못해. 맞은 예측 메시지를 받은 사람에게는 그 다음 주에 또 메시지가 와.

이렇게 된 거야. 주식 중개인은 예측이 맞은 쪽에게만 계속 메시지를 보냈고, 계속 계속 족집게 예측을 받은 누군가 한 명이 탄생하게 돼. 그게 바로 너라는 말씀!

"헐!"

그러니까 족집게 예측은 그렇게 놀라운 일이 아니야. 기회만 많다면 확률이 아무리 낮은 사건도 일어날 수 있어.

누군가에게는 말이야!

2차 세계 대전이 한창일 때 한 수학자가 수학으로 수많은 병사의 목숨을 구했어.

1943년 8월 어느 날, 연합군은 376대의 전투기를 출격시켜 60대를 잃고 말았어. 피해가 너무 커서, 연합군은 강철판을 덧대 전투기를 강화하기로 했어. 그런데 전투기 전체에 철판을 두르면 전투기가 너무 무거워져서 조종하기 힘들고 연료도 많이 들어.

'필요한 곳에만 강철판을 덧댑시다!'

'좋은 생각이오!'

연합군은 귀환한 전투기의 총탄 구멍을 샅샅이 조사해 보았어. 그랬더니 조종석에 구멍이 난 전투기가 36대, 몸체에 구멍이 난 전투기가 105대, 엔진에 구멍이 난 전투기가 29대였어.

강철판을 어디에 덧대야 할까?

"당연히 몸체지."

"몸체에 총탄을 가장 많이 맞았잖아."

연합군 사령부도 그렇게 생각했어.

회의 중에 수학자 아브라함 왈드가 소리쳤어.
'구멍이 많이 난 곳에 갑옷을 두르면 안 됩니다. 구멍이 가장 적은 곳에 둘러야 해요!'
왈드는 엔진에 갑옷을 덧대야 한다고 주장했어.
'무슨 말이오. 엔진에 구멍이 난 비행기는 겨우 29대이고 몸체에 구멍이 난 비행기는 105대란 말이오.'

바로 그거야!

귀환한 전투기들 중 몸체에 총탄을 맞은 비행기가 많다는 게 무슨 뜻일까? 그건 총상이 가벼워서 돌아올 수 있었다는 뜻이야. 엔진에 구멍이 난 비행기가 가장 적다는 건?
치명상을 입고 추락해서 귀환하지 못했다는 이야기야.
그러니까 가장 적게 돌아온 전투기에 주목해야 해. 엔진에 갑옷을 둘러야 해!
놀라운 생각이야! 평생 공중전 경험이 풍부한 장교들도 생각하지 못한 걸 수학자가 어떻게 알았을까?
수학자는 겉으로 보이는 수치만 보고 판단하지 않아. 수치 속에 숨어 있는 뜻을 알아내려 해.
들어 봤어? 그게 바로 통계학이야.

알려진 수치로 알려지지 않은 정보를 알아내!

수학자 왈드는 돌아온 전투기의 총탄 구멍 수를 보고, 돌아오지 못한 전투기에 무슨 일이 있었는지 추측했어.

그거 알아? 통계는 '시각 장애인의 코끼리 만지기'와 비슷해. 코끼리를 한 번도 본 적 없는 시각 장애인이 더듬더듬 코끼리를 만져 보고 코끼리의 모습을 추측한다고 상상해 봐. 코끼리는 너무 커서 한 번 만져 보고 전체를 알 수 없어. 하는 수 없이 여기저기 만져 보고, 각 부분의 정보를 모아서 전체 코끼리의 모습을 추측해야 해. 시각 장애인이 코끼리를 만지듯 왈드는 부족한 정보를 가지고 수학으로 훌륭한 추측을 해낸 거야.

왈드는 전투기가 손상을 입은 채로 귀환할 확률을 계산했어. 그러려면 각 부위에 총탄을 맞고 돌아온 전투기의 수뿐 아니라 추락한 비행기의 수를 알아야 해. 그걸 알기 위해 왈드는 돌아온 전투기의 총탄 자국 패턴을 분석하고, 적기의 공격 각도를 계산하고, 파편 흔적을 조사하고, 전투기에 모조 총알 수천 발을 쏘는 실험을 했어.

왈드는 몸체에 총상을 입은 전투기 113대 중에서 105대, 조종석에 총상을 입은 전투기 57대 중에서 36대, 엔진에 총상을 입은 전투기 60대 중에 29대가 돌아왔다는 걸 알아냈어.

데이터가 많으면 확률을 계산할 수 있고, 확률을 통해 수치에 숨어 있는 뜻을 알 수 있어!
그게 바로 통계학자 왈드가 한 일이야.

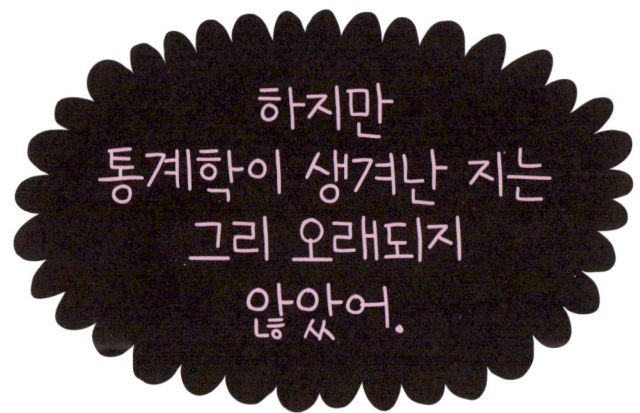

하지만 통계학이 생겨난 지는 그리 오래되지 않았어.

통계학은 2500년 수학의 역사에서 아직 100년밖에 되지 않은 신생 학문이야.
꿈틀꿈틀 통계학이 생겨나기 시작했을 때는 통계학자들에게 일자리가 별로 없었어. 통계학자들은 비료 공장, 실 공장, 술 공장, 전구 공장 같은 곳에 고용돼 일했어.
통계학자가 비료 공장에서 무얼 했냐고?

하지만 그건 컴퓨터와 인터넷이 없었을 때의 이야기야.
이제 통계학자는 수학자 중에 제일 바빠. 정부 기관, 은행, 보험 회사, 방송국, 여론 조사 기관, 대기업에서 통계학자를 모셔 가. 넷플릭스, 네이버, 구글 같은 빅 데이터 회사들은 통계학자가 없다면 당장 문을 닫아야 할걸.
넷플릭스는 확률과 통계를 이용해 사람들에게 딱 맞는 영화나 드라마, 게임을 추천해 주는 회사야.
너는 유튜브에서 주로 무엇을 봐?
"먹방!"
그렇다면 애써 찾지 않아도 네가 좋아할 만한 먹방 콘텐츠가 계속 올라올걸. 유튜브를 운영하는 구글 회사는 어떻게 알고 너에게 그렇게 친절히 알려 주는 걸까?
구글은 너처럼 먹방을 보는 게 취미인 사람들의 데이터를 모아. 그런 사람들이 좋아했던 콘텐츠 중에서 아직 네가 보지 않은 콘텐츠가 뭔지 찾아내 그걸 추천해 주는 거야. 당연히 딱 맞는 광고도 함께!

알겠어?
추천 알고리즘은 모두 확률과 통계를 이용한 거야!
데이터가 많으면 많을수록 추천 알고리즘이 정확해져.
네가 인터넷으로 무언가를 할 때마다 데이터가 쌓여.
동영상을 보고, 음악을 듣고, 사진을 올리고, 무언가를
클릭할 때마다 어딘가로 데이터가 전송돼. 하지만 데이터
자체만으로는 쓸모가 없어. 데이터를 모으고 추리고 분석해
정보를 만들어. 바로 바로 그게 통계야!

⑦ 통계학자 나이팅게일

통계를 더 잘하는 방법이 있어.
그림으로 그리는 거야!
"그림으로?"

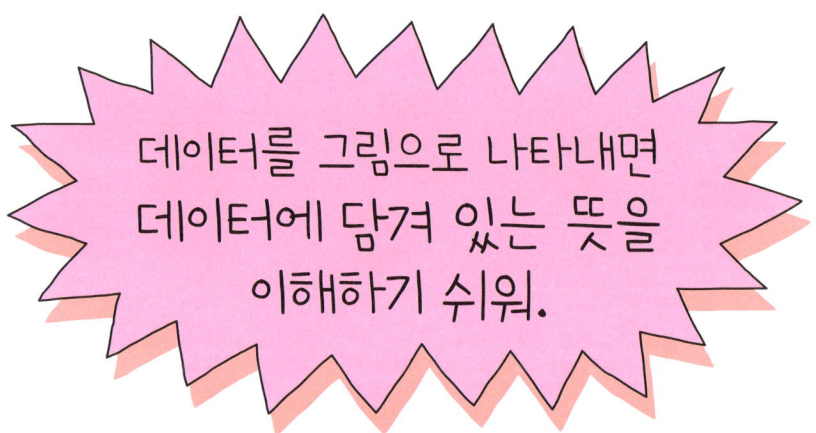

데이터를 그림으로 나타내면
데이터에 담겨 있는 뜻을
이해하기 쉬워.

영국의 간호사 플로렌스 나이팅게일이 전쟁터에서 병사들을
돌보며 통계학을 했다는 거 알아? 나이팅게일이 통계를
그림으로 그린 덕분에 수많은 병사들을 살릴 수 있었어!
나이팅게일의 첫 번째 전기 작가는 나이팅게일에게
'열정적인 통계학자'라는 별명을 붙여 주었다니까.
나이팅게일은 위대한 간호사일 뿐 아니라 자기가 좋아하는
수학으로 병사들을 돌보았어.
"수학으로?"
나이팅게일은 어렸을 때부터 수학을 좋아했어.

1853년, 러시아와 영국 사이에 전쟁이 났을 때 나이팅게일은 간호사가 되어 야전 병원에서 병사들을 돌보았어.
누구도 예상하지 못했지만 나이팅게일은 전쟁터 야전 병원에서 병사들을 살리기 위해 수학을 해!
전쟁터 병원 막사는 차마 눈 뜨고 볼 수 없는 광경이었어. 피와 오물이 범벅된 침상 위에 총상을 입은 병사들이 즐비하고, 이와 벼룩이 들끓고, 쥐가 우글거리고, 하수구는 오물로 가득 차 전염병이 끊이지 않았어.
붕대도 소독제도 없는 막사 병원에서 매일매일 병사들이 죽어 나갔어. 나이팅게일은 하루에 20시간씩 병사들을 돌보며 사망한 병사들의 자료를 수집했어. 밤마다 부상으로 죽은 병사들과 전염병에 걸려 죽은 병사들의 수를 비교했어. 그리고 놀라운 사실을 알게 되었어.

아직 통계라는 말도 제대로 없었을 때 나이팅게일은 전쟁터 병원에서 홀로 통계학을 하고 있었어. '근대 통계학의 아버지'라 불리는 케틀레는 나이팅게일이 가장 존경하는 수학자였는데, 그 가르침을 따라 병사들의 데이터를 분석한 거야. 그리고 사망한 병사들이 대부분 부상 때문이 아니라 더러운 환경에서 감염되거나 전염병에 걸려 죽어 갔다는 것을 밝혀냈어.

나이팅게일이 상관에게 통계 자료를 보고했지만 아무도 거들떠보지 않았어. 장교와 정치인, 공무원들은 통계를 모르고, 아무것도 바꾸려 하지 않았어.

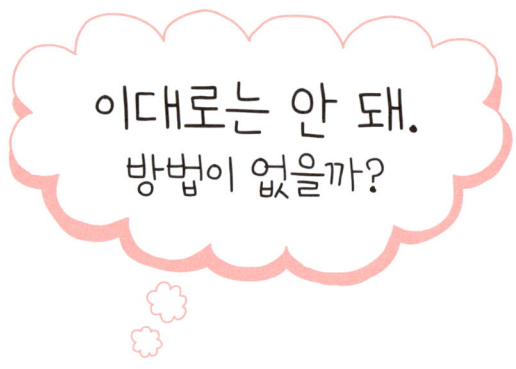

나이팅게일은 자기가 분석한 병사들의 통계를 그림으로 보여 주었어. 그래프로 보여 주었어!

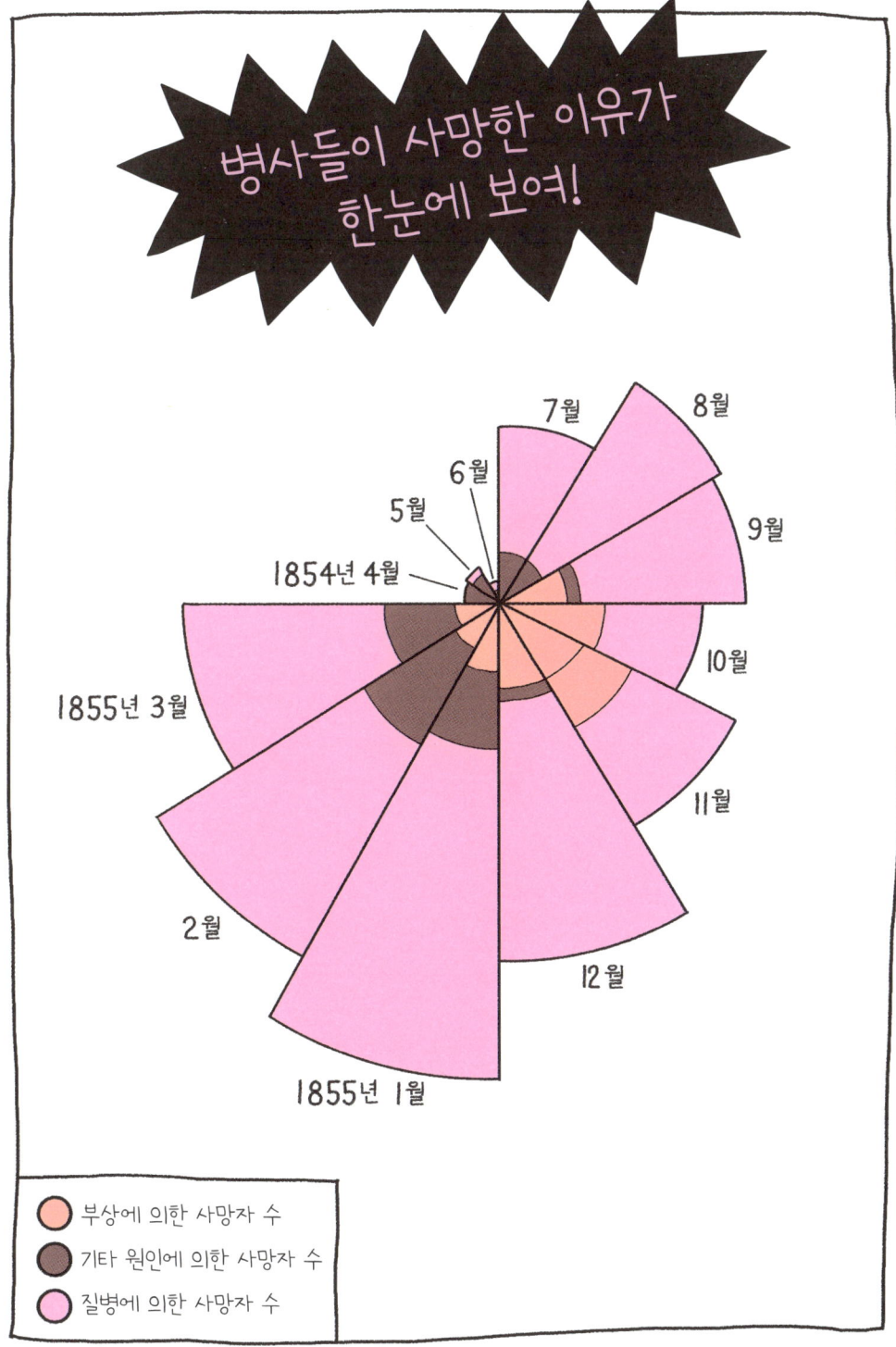

나이팅게일의 통계 그래프 덕분에 모두가 단박에 알게
되었어. 총 한 발 맞지 않은 병사들이 나쁜 음식과 나쁜
공기만으로 얼마나 많이 죽어 갈 수 있는지 말이야.
그 뒤로 영국 정부는 야전 병원의 위생을 개선하기 시작했어.
화장실과 오물 구덩이를 청소하고, 환기구를 설치하고,
붕대와 깨끗한 옷을 신속히 지급했어. 병사들은 처음으로
손을 씻기 시작했어.

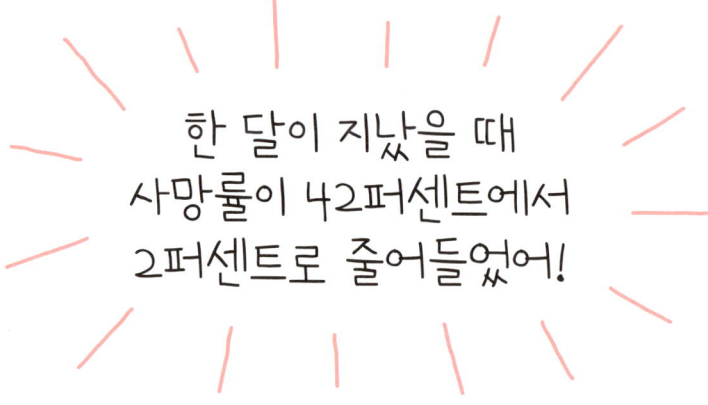

한 달이 지났을 때
사망률이 42퍼센트에서
2퍼센트로 줄어들었어!

나이팅게일의 지침은 그 후 현대 병원들의 표준이 되고
전염병학과 의료 데이터 과학의 주춧돌이 되었어.
나이팅게일은 통계를 잘 이용하면 인류의 삶이 더 좋아질 수
있다고 믿었어. 그리고 말했어. 수학자와 정치 지도자들 뿐
아니라 모든 사람이 통계를 알아야 한다고 말이야!

⑧ 평균의 함정

그래서 정말 휴대 전화를 뺏겼어?

"너무 억울해."

"엄마가 몰래 내 게임 시간을 적었다면서 내가 하루에 거의 3시간씩 게임을 한다는 거야. 말이 돼?"

	월	화	수	목	금	토	일
게임 시간	5	8	0	2	1	4	1

"봐 봐. 3시간 한 날이 하루도 없잖아. 1시간밖에 안 한 날도 있고 하나도 안 한 날도 있다고!"

"억울해, 억울해!"

하하, 엄마가 너의 게임 시간으로 통계를 낸 거야. 통계를 보고 네가 하루에 얼마쯤 게임을 하는지 수학으로 계산할 수 있어.

그걸 평균이라 불러. 계산하기 쉬워.

"21이야."

일주일이니까 그걸 7로 나눠.

"3이잖아!"

바로 그거야. 너는 게임을 8시간 한 날도 있고 0시간 한 날도 있지만, 게임한 시간을 모든 요일에 골고루 나누어 준다면 하루에 3시간씩 한 것과 같다는 이야기야.

"그래도 억울해. 안 한 날도 있는데, 3시간이라니!"

이게 바로 평균이라는 거야!

숫자들이 아주 많이 있을 때 평균을 내면 무언가를 쉽게 알 수 있어. 남자아이들의 평균 키가 얼마인지, 한국인 한 사람이 1년 동안 라면을 몇 봉지 먹는지, 한국인 아빠들이 1년 동안 돈을 얼마 버는지 알고 싶을 때 평균을 내.

너도 무언가 평균을 내 보고 싶은 게 없어?

"있어!"

그럼 표를 만들고 기록해. 평균을 계산해 봐.

"억울해서 엄마한테 누나랑 용돈을 똑같이 달라고 했어!"

주신대?

"그럴 리가. 다른 친구들보다 많이 줄 순 없다나. 그래서 내가 다른 친구들보다 용돈을 훨씬 적게 받는다고 했어."

어떻게 알아?

"친구들에게 물어봤어."

정말?

"그렇다니까!"

그럼 친구들의 용돈을 통계 내 보고 평균을 구해 엄마한테 보여드려.

"당장 할래!"

제법인데?

이제 알겠어? 통계와 평균이 얼마나 쓸모가 많은지?

이제 너는 뭐든지 통계를 내고 싶을걸.

하지만 이것도 알아 둬.

평균을 너무 믿으면 안 돼.

"함정?"

피자 한 판이 있다고 해 봐. 친구가 한 판을 다 먹고,

너에게는 하나도 주지 않았는데, 평균을 내면 반반씩 먹은 게

돼.

"그런 게 어딨어! 말도 안 돼!"

그게 바로 평균의 함정이야.

공평한 해적?

해적들이 나눠 가진 금화의 평균을 구해 볼까?
해적들이 나눠 가진 금화의 개수를 모두 더해. 그걸 해적의 수로 나눠.

$$(90 + 4 + 3 + 2 + 1) \div 5 = 20$$

평균이 20이야. 평균만 보면 해적들이 골고루 20개씩 나눠 가진 것처럼 보여. 실제로는 두목이 금화 90개, 졸개들이 4개, 3개, 2개, 1개씩 가졌는데 말이야.
알겠어?
평균을 그대로 믿으면 위험해. 평균은 진실을 가리기도 해! 그런데도 평균은 복잡한 현대 사회에서 유용한 지표로 아주 많이 쓰이고 있어.

지금은 무엇이나 통계를 내고 평균을 구하는 시대야. 우리나라 평균 남자 키, 평균 수명, 평균 결혼 연령, 평균 취업률, 가구당 평균 소득, 가구당 평균 학원비, 평균 수학 성적……．

그거 알아? 해마다 통계학자의 연구실에서 평균 인간이 탄생하고 있어. 2022년, 우리나라 평균 인간은 차를 0.49대 가지고, 라면을 매일 0.21개 먹어. 평균 가족 수는 2.2명이야. 어느 해인가, 아이들이 학원을 평균 2.3개 다녔던 적도 있어! 그런 사람을 본 적 있어?

머리카락 길이	수학 시험 점수
10 cm	40점
11 cm	35점
15 cm	45점
17 cm	40점
25 cm	60점
30 cm	60점
40 cm	65점
50 cm	75점
55 cm	70점
60 cm	85점

이게 뭐야?

통계 자료야.

수학 시험을 친 아이들의 머리카락 길이를 재 보았어.

"푸하하."

자료를 보고 뭔가를 알겠어?

"글쎄."

잘 봐.

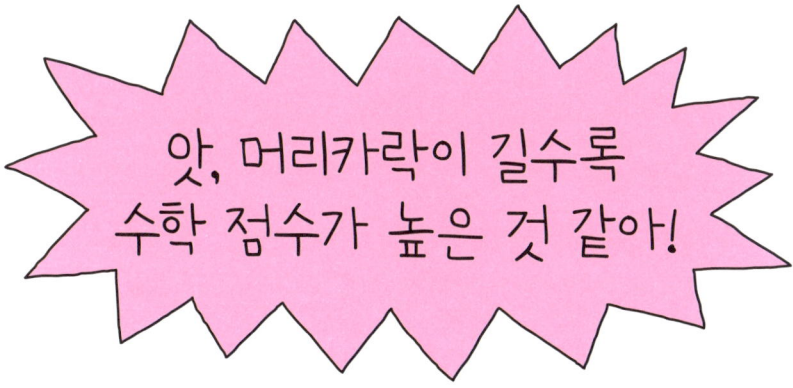

앗, 머리카락이 길수록 수학 점수가 높은 것 같아!

제법인데? 보긴 잘 봤어. 누군가가 정말 머리카락 길이를 쟀고 수학 점수를 확인했어. 통계 자료는 사실이야. 그렇다면 머리카락이 길수록 수학을 잘한다고 결론을 내도 될까?

"정말? 그럼 나도 기를래."

표를 보면 머리카락 길이와 수학 점수가 정말 상관이 있게 보여. 하지만 통계 자료가 언제나 진실을 말해 주는 건 아니야. 통계 자료에 나타나지 않은 무언가가 있어.

잘 봐. 이 통계 자료에는 머리카락 길이만 있고 성별과 나이가 빠져 있어. 알고 보니 머리카락이 긴 아이들은 대부분 고학년이었고, 여자아이들이었어. 그래서 저학년 남자아이들보다 수학 점수가 높았던 거야!

"헐!"

그러니까 통계 자료만 보고 섣불리 판단하거나 무조건 믿어서는 안 돼. 이것과 저것이 관계가 있다고 해서, 꼭 이것이 저것의 이유라고 말할 수는 없다는 거야.

통계 자료만 보고 섣불리 해석하면 심각한 일이 벌어지기도 해. 남태평양 뉴헤브리디즈 제도에서 실제로 있었던 이야기를 들려줄게. 이 섬에서는 오랫동안 몸에 들끓는 이가 건강을 지켜 준다고 믿었어.

"왜?"

오랜 세월 관찰했더니 건강한 사람들의 몸에는 이가 있었고 아픈 사람들에게는 이가 없었기 때문이야.

에구머니, 이가 없네!
옆집에 가서
이를 빌려 와야겠어.

하하, 어떻게 이가 건강을 지켜 주겠어? 건강한 사람에게는
이가 있고, 아픈 사람에게 이가 없었던 진짜 이유는 따로
있었어.
이 섬의 원주민들은 일생 동안 대부분 이를 가지고 있어.
그런데 아파서 고열이 나면 이가 죽어 버렸던 거야. 그래서
아픈 사람들의 몸엔 이가 없었던 거라고!

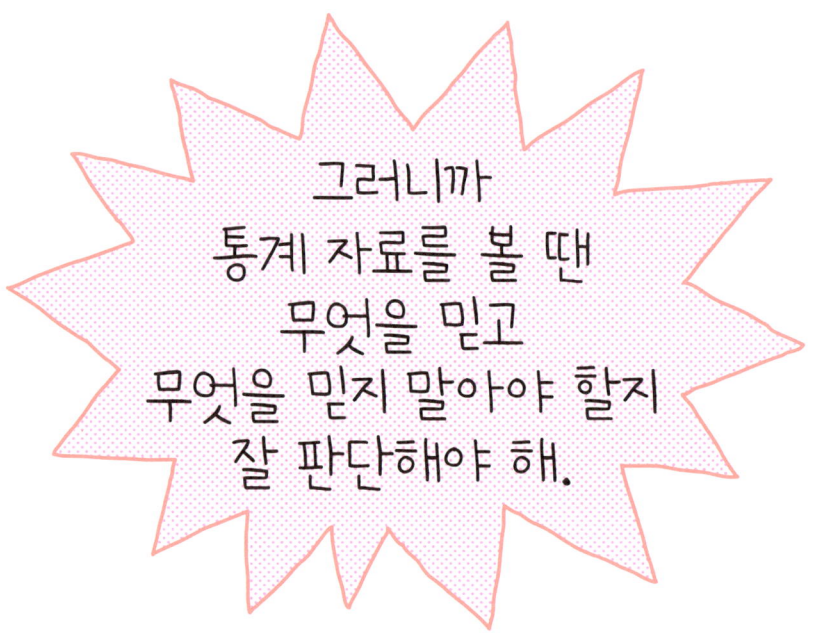

그러니까
통계 자료를 볼 땐
무엇을 믿고
무엇을 믿지 말아야 할지
잘 판단해야 해.

통계 자료에 나타난 이야기만 보지 말고 통계 자료에
나타나지 않는 이야기도 읽을 수 있어야 해.
세상에는 그럴듯한 통계 자료를 내밀며 온갖 주장을 하는
사람들이 있어.

전깃줄이 뇌종양을 일으킨다.

의사 10명 중 9명은
아침 시리얼이 건강에
좋다고 한다.
-시리얼 회사에 고용된 의료인?-

팔이 긴 아이가
팔이 짧은 아이보다
추론 능력이 뛰어나다.

그런 것 같아? 아닌 것 같아?
암 발생 비율이 점점 높아지고 있다는 통계 자료도 있어.
그렇다면 사람들의 건강이 점점 더 나빠지고 있는 걸까?

암 발생 비율이 높아진 건 사람들이 건강 검진을 자주하기 때문이야. 암에 걸린 줄 몰랐던 사람들이 암 환자가 돼. 그리고 예전보다 평균 수명도 훨씬 길어졌어. 오래 살다 보니 암에 걸릴 확률도 높아져. 암은 대부분 65세 이상의 노인에게 발생하는데 통계 자료에는 나이 정보가 빠져 있는 경우가 많아. 원하는 주장을 하기 위해 중요한 다른 자료를 빠뜨려. 그래도 틀린 건 아니라고 믿으면서 말이야.
과학자들조차 그런 실수를 할 수 있어. 오랫동안 온 힘을 다해 연구하고 실험했기 때문에, 바라는 결과에 맞추기 위해 실험에 쓰인 모든 통계 자료를 다 공개하지 않는 실수도 할지 몰라.

통계는
잘 사용하면
유용한
정보지만

자칫하면

거짓말이
되기도 쉬워.

사람들은 거짓말은 잘 믿지 않지만, 수학을 이용해 거짓말을 하면 쉽게 믿는 경향이 있어.
그래서 이런 말도 생겨났지 뭐야.

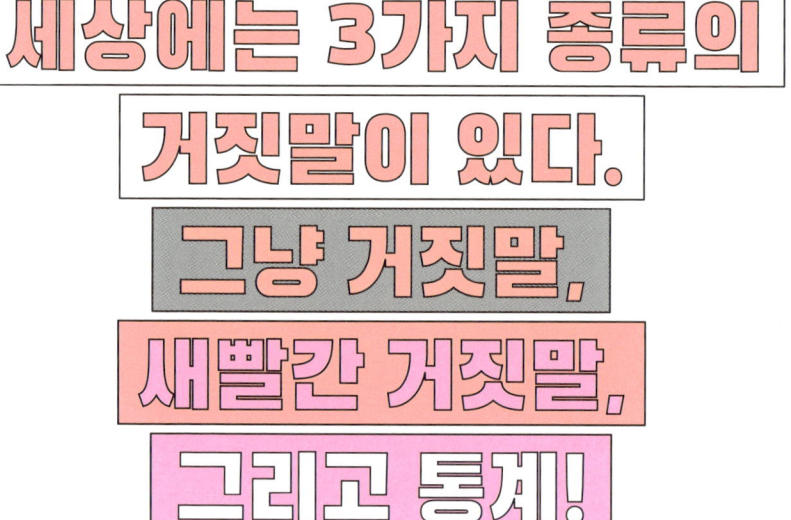

이런 것을 알 수 있을까?

우리는 미래로 가 본 적이 없고, 갈 수도 없는데 어떻게 알 수 있을까?

수학으로 미래를 예측하고 상상해.

확률과 통계 덕분에 알 수 있어.

내일 비가 올 확률은 어제까지의 날씨 통계로 알 수 있고, 1000년 안에 인류가 멸종할 확률은 지금까지 지구에 살았던 생명체가 얼마만에 사라졌는지 통계를 내 보고 추측할 수 있어.

외계인이 존재할 확률은 은하에 있는 별의 수를 어림잡아 통계를 내고 그 별들이 행성을 가질 확률, 생명체가 지적 능력을 가진 생명체로 진화할 확률…… 어쩌고저쩌고를 모두 곱하여 추측해.

통계학은 이제 미래를 예측하는 강력한 무기가 되었어! 통계를 바탕으로 과학자들은 지구의 미래를 예측해. 30년 뒤 지구의 기온이 어떻게 될지, 빙하가 얼마나 사라질지, 생물 종들이 얼마나 멸종할지 거의 정확하게 추측할 수 있어. OTT 회사는 통계를 바탕으로 사람들이 가장 좋아할 만한 드라마 시리즈를 제작하고, 펀드 회사는 주식 동향을 파악해. 기상청은 한 달 뒤의 날씨를 예측하고, 기업은 경제 성장률을 점쳐.

옛날에 통계는 그저 숫자를 세는 것일 뿐이었어. 왕들이 백성의 수를 세고, 전투에서 붙잡은 포로와 가축의 수를 셌어.

성경에도 통계가 나와. 3000년 전 이스라엘 사람들이 이집트를 탈출할 때 20세 이상의 남자가 60만 3,550명이라고 기록되어 있어.

처음에 통계는

사람이나 가축, 물건의 개수를
세는 것이었는데,

오랜 세월이 지나……

통계가

말을 하기 시작했어!

통계는 들쭉날쭉 오락가락 예측 불가능한 세상을 간편하게 숫자와 그래프로 나타내 줘. 세상의 모습이 어떠한지 세상이 어떻게 돌아가는지 숫자와 그래프로 압축해. 그건 손도 발도 없는 이상한 그림이지만 우리가 살아가는 세계를 보여 줘. 하지만 그건 시작일 뿐이야. 통계는 도구일 뿐, 답이 아니라는 거야.

수학은 언제나 정확한 답을 찾으려 하지만, 통계는 특별한 수학이야. 어떻게 하면 진실에 더 가까워질까를 수학으로 고민하는 학문이야.

통계 속에는 이야기가 숨어 있어.

> 통계가 들려주는 이야기를
> 잘 들으려면……

상식과 통찰력이 필요해!

"통찰력?"

머리를 쓰라는 말이야.

알고 있는 것으로 모르는 것을 알아낼 수 있어야 해.

보이는 것 너머를 꿰뚫어 볼 줄 알아야 한다는 말씀.

책을 많이 읽고……

경험을 많이 하고……

생각을 많이 해.

그러면 그게 생겨!

언젠가는
글을 쓰고 읽는 능력처럼
통계적 사고방식이
효율적인 시민의 필수 자격이 될 것이다.

-하버트 조지 웰스-

참고 문헌

케이스 데블린 지음, 전대호 옮김, 《수학의 언어》, 해나무, 2003

다케우치 케이 지음, 서영덕 외 옮김, 《우연의 과학》, 윤출판, 2014

조던 엘렌버그 지음, 김명남 옮김, 《틀리지 않는 법》, 열린책들, 2016

조지프 마주르 지음, 노태복 옮김, 《그건 우연이 아니야》, 에이도스, 2019

대럴 허프 지음, 박영훈 옮김, 《새빨간 거짓말, 통계》, 청년정신, 2022

닉 폴슨·제임스 스콧 지음, 노태복 옮김, 《수학의 쓸모》, 더퀘스트, 2020

이언 스튜어트 지음, 장영재 옮김, 《신도 주사위 놀이를 한다》, 북라이프, 2020

벤 올린 지음, 김성훈 옮김, 《이상한 수학책》, 북라이프, 2020

수냐 지음, 《두근두근 확률과 통계》, 지노, 2023

매트 파커 지음, 이경민 옮김, 《세상에서 수학이 사라진다면》, 다산사이언스, 2023

데이비드 핸드 지음, 전대호 옮김, 《신은 주사위 놀이를 하지 않는다》, 더퀘스트, 2023

미래가 온다 수학 시리즈는
미래를 바꿀 첨단 과학에 숨어 있는
수학의 원리를 배우고, 수학자처럼
사고하는 법을 체득하는
어린이 수학 정보서입니다.

01 수와 연산 외계인도 수학을 할까?
김성화·권수진 글 | 김다예 그림

02 소수와 암호 거대 소수로 암호를 만들어!
김성화·권수진 글 | 한승무 그림

03 기호와 식 X가 나타났다!
김성화·권수진 글 | 정오 그림

04 도형 삼각형은 힘이 세다!
김성화·권수진 글 | 황정하 그림

05 위상 수학 첨단 도형이 온다!
김성화·권수진 글 | 김진화 그림

06 함수와 그래프 함수는 이상한 기계야!
김성화·권수진 글 | 강혜숙 그림

07 규칙 찾기 컴퓨터에게 패턴을 가르쳐!
김성화·권수진 글 | 이고은 그림

08 차원 우리 옆에 4차원이 있다!
김성화·권수진 글 | 강혜숙 그림

09 확률과 통계 동전을 100만 번 던져!
김성화·권수진 글 | 백두리 그림

10 무한 무한은 괴물이야! (출간 예정)
김성화·권수진 글 | 조승연 그림